优秀技术工人
百工百法丛书

孙同根
工作法

S Zorb 装置
优化

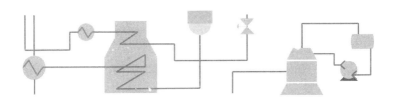

中华全国总工会 组织编写

孙同根 著

中国工人出版社

技术工人队伍是支撑中国制造、中国创造的重要力量。我国工人阶级和广大劳动群众要大力弘扬劳模精神、劳动精神、工匠精神，适应当今世界科技革命和产业变革的需要，勤学苦练、深入钻研，勇于创新、敢为人先，不断提高技术技能水平，为推动高质量发展、实施制造强国战略、全面建设社会主义现代化国家贡献智慧和力量。

——习近平致首届大国工匠
创新交流大会的贺信

优秀技术工人百工百法丛书

编委会

编 委 会 主 任：徐留平

编委会副主任：马　璐　潘　健

编 委 会 成 员：王晓峰　程先东　王　铎

　　　　　　　　张　亮　高　洁　李庆忠

　　　　　　　　蔡毅德　陈杰平　秦少相

　　　　　　　　刘小昶　李忠运　董　宽

优秀技术工人百工百法丛书

能源化学地质卷

编委会

编委会主任： 蔡毅德

编委会副主任： 贾海涛　张金亮

编委会成员：
（按姓氏笔画排序）

王　娟	王　琛	王世强	王成海
王君明	王青海	王海啸	成　晖
伍怀志	刘卉卉	闫霄鹏	许　海
李　茂	李旭军	杨秉华	苏彦军
宋民生	张新国	赵文涛	赵晓华
唐铁军	郭靖涛	曹　尧	梁传国
彭　燕			

序

党的二十大擘画了全面建设社会主义现代化国家、全面推进中华民族伟大复兴的宏伟蓝图。要把宏伟蓝图变成美好现实，根本上要靠包括工人阶级在内的全体人民的劳动、创造、奉献，高质量发展更离不开一支高素质的技术工人队伍。

党中央高度重视弘扬工匠精神和培养大国工匠。习近平总书记专门致信祝贺首届大国工匠创新交流大会，特别强调"技术工人队伍是支撑中国制造、中国创造的重要力量"，要求工人阶级和广大劳动群众要"适应当今世界科技革命和产业变革的需要，勤学苦练、深入钻研、勇于创新、敢为人先，不断提高技术技能水平"。这些亲切关怀和殷殷厚望，激励鼓舞着亿万职工群众弘扬劳模精神、劳动精神、工匠精神，奋进新征程、建功新时代。

近年来，全国各级工会认真学习贯彻习近平总书记关于工人阶级和工会工作的重要论述，特别是关于产业工人队伍建设改革的重要指示和致首届大国工匠创新交流大会贺信的精神，进一步加大工匠技能人才的培养选树力度，叫响做实大国工匠品牌，不断提高广大职工的技术技能水平。以大国工匠为代表的一大批杰出技术工人，聚焦重大战略、重大工程、重大项目、重点产业，通过生产实践和技术创新活动，总结出先进的技能技法，产生了巨大的经济效益和社会效益。

深化群众性技术创新活动，开展先进操作

法总结、命名和推广，是《新时期产业工人队伍建设改革方案》的主要举措。为落实全国总工会党组书记处的指示和要求，中国工人出版社和各全国产业工会、地方工会合作，精心推出"优秀技术工人百工百法丛书"，在全国范围内总结 100 种以工匠命名的解决生产一线现场问题的先进工作法，同时运用现代信息技术手段，同步生产视频课程、线上题库、工匠专区、元宇宙工匠创新工作室等数字知识产品。这是尊重技术工人首创精神的重要体现，是工会提高职工技能素质和创新能力的有力做法，必将带动各级工会先进操作法总结、命名和推广工作形成热潮。

此次入选"优秀技术工人百工百法丛书"作者群体的工匠人才，都是全国各行各业的杰出技术工人代表。他们总结自己的技能、技法和创新方法，著书立说、宣传推广，能让更多人看到技术工人创造的经济社会价值，带动更多产业工人积极提高自身技术技能水平，更好地助力高质量发展。中小微企业对工匠人才的孵化培育能力要弱于大型企业，对技术技能的渴求更为迫切。优秀技术工人工作法的出版，以及相关数字衍生知识服务产品的推广，将对中小微企业的技术进步与快速发展起到推动作用。

当前，产业转型正日趋加快，广大职工对于技术技能水平提升的需求日益迫切。为职工群众创造更多学习最新技术技能的机会和条件，传播普及高效解决生产一线现场问题的工法、技法和创新方法，充分发挥工匠人才的"传帮带"作用，工会组织责无旁贷。希望各地工会能够总结命名推广更多大国工匠和优秀技术工人的先进工作法，培养更多适应经济结构优化和产业转型升级需求的高技能人才，为加快建设一支知识型、技术型、创新型劳动者大军发挥重要作用。

中华全国总工会兼职副主席、大国工匠

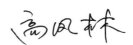

作者简介
About The Author

孙同根

　　1966 年出生，中国石油化工集团有限公司技能大师，催化裂化工种首席技师，从事石油炼制催化裂化及汽油吸附脱硫工作。

　　曾获"全国技术能手"、"全国五一劳动奖章"、全国能源化学地质系统"身边的大国工匠"、第二届"加油中国·传承铁人"年度优秀人物、"江苏省劳动模范"等荣誉，享受国务院政府特殊津贴。

他长期扎根生产一线，从一名普通炼油操作工成长为高技能人才队伍的领军人物。他领衔的劳模创新工作室团队攻关生产难题、培养技能人才，为改进石油炼制生产工艺流程、降低生产成本、推进提质增效作出了突出贡献。

应用孙同根编写的操作法，对全国运行的 39 套装置进行运行指导，使装置长周期平稳运行的平均时间由 18 个月提升至 36 个月以上、平均能耗及吸附剂消耗减少约 40%、汽油辛烷值损失减少约 50%，累计产生、节约经济效益超百亿元。

扎根场一线、逐梦产业报国. 为端午
能源饭碗贡献更大力量！

孙同祖

目 录
Contents

引　言
Introduction

　　车用汽油成为关系国计民生的重要生产和生活物资，与人民生活息息相关。车用汽油中的硫是造成汽车尾气污染的主要原因之一，2021 年国内汽油消费量 15475 万吨。为减少汽车尾气污染，我国快速推进汽油质量升级，仅用 8 年时间将汽油硫含量从不大于 150mg/kg 降低至 10mg/kg，达到世界一流水平。S Zorb 装置技术与常规脱硫技术相比，平均能耗及吸附剂消耗减少约 40%、辛烷值（RON）损失减少约 50%，装置实现了 45 个月的长周期连续运行。

　　催化裂化工艺在国内炼厂被广泛应用，

所产汽油占我国汽油总量的约 70%，催化裂化后脱硫工艺的改进对汽油产品含硫总量降低的贡献率在 90% 以上。生产清洁汽油的关键是对催化裂化汽油的超深度脱硫，同时实现低成本，这成为我国汽油质量升级面临的关键难题。S Zorb 装置技术较好地解决了这个难题。

S Zorb 装置主要包括进料与脱硫反应、吸附剂再生和吸附剂循环三个部分。

进料与脱硫反应部分：原料汽油在反应器中，进行选择性地吸附汽油中含硫化合物中的硫原子，从而达到脱硫目的，产生吸附脱硫反应。反应产物经冷、热产物气液分离罐进入稳定塔，经脱除氢气后于塔底产出汽油产品。

吸附剂再生部分：装置设有吸附剂连续再生系统，再生过程是以空气作为氧化剂的氧化反应，使吸附的硫变成 SO_2 进入再生烟气中，烟气再进入去硫黄回收装置。

吸附剂循环部分：吸附剂循环过程是通过闭锁料斗的阀门步序自动控制实现，再生吸附剂自反应器接收器压送到闭锁料斗，置换合格后送到再生进料罐，实现吸附剂从反应系统向再生系统的输送。再生吸附剂自再生器接收器送至闭锁料斗，置换、升压后送到还原器。S Zorb 装置原则流程图见图 1。

作者通过仔细研究反应机理，对关键操作参数不断优化调整，突破了一些既有工艺理念，创造性地提出操作改进措施，使装置运行能耗、物耗远低于设计值，液体收率、RON 损失均保持先进水平。本操作法适用于 S Zorb 装置的正常生产运行，便于指导日常生产操作，优化开、停工操作，可以提高全系统 S Zorb 装置生产运行水平。

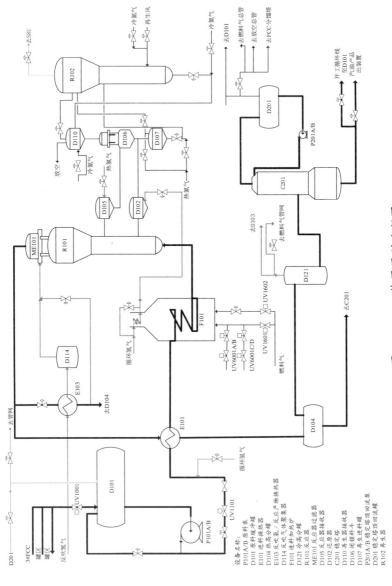

图 1　S Zorb 装置原则流程图

设备名称：
P101A/B 原料泵
D101 原料缓冲罐
E101 进料换热器
D104 热高分罐
E103 反应气/反应产物换热器
D114 反应气冷体聚集器
F101 进料加热炉
D121 冷高分罐
R101 反应器
ME101 反应器过滤器
D105 反应器接收器
D102 稳定塔
C201 稳定塔
D110 再生器接收器
D106 闲锁料斗
D107 再生进料罐
P201A/B 稳定塔顶回流泵
D201 稳定塔顶回流罐
R102 再生器

第一讲

装置长周期平稳运行

一、问题描述

工艺改进前，脱硫装置运行周期平均只有 18 个月，不能做到与上游催化裂化装置运行周期（36~44 个月）同步，严重影响工厂全流程平稳生产，同时对清洁汽油市场保障供应带来冲击。提高装置运行周期，使其同催化裂化装置运行周期同步，成为迫切的需要。通过对影响长周期运行因素的分析发现，主要需解决关键设备的长周期运行问题，如吸附进料换热器 E101 结垢、反应器过滤器 ME101 差压高、再生器下料不畅等，需要分别开展攻关。

二、措施

1. 吸附进料换热器 E101

（1）设备简介

吸附进料换热器 E101 为 U 形管式换热器，布置形式为双系列并列，每列采用数台换热器串联，每列换热器的台数取决于装置的规模。一般情况下，1.2Mt/a 处理量以下的装置，每列为 3 台换热器；1.8Mt/a 处理量的装置，每列为 4 台换热器。目前，装置最大的处理能力为 2.4Mt/a，每列为 5 台换热器。

吸附进料换热器管程介质为混氢原料，运行过程中原料汽化点位置一般位于倒数第二台换热器，故一般最后两台换热器管束及管板处容易结垢（见图 2）。通过不断实践研究，除了对原料质量进行严格控制，也可以对换热器的管板和夹持法兰采用一种新型的能快速拆卸的紧固结构，便于现场对换热器拆除和清洗。

图 2　换热器管束入口结垢图

（2）日常使用

①吸附进料换热器操作要求

a. 根据进料换热器 E101 压差及热端温差变化情况来判断换热器的结垢情况及换热效率的变化，发现换热效率下降时，应提高加热炉运行负荷，防止反应进料温度产生大幅波动。

b. 关注原料质量情况。原料应控制胶质含量 <3mg/100ml，氯含量 <1mg/kg，氮含量 <75mg/kg，含水量 <300mg/kg。发现原料质量指标严重超标时，及时关停进料装置。

c. 在装置运行负荷调整过程中，应密切关注原料换热器的换热效率及压降是否发生异常变化，关注两列换热器管壳程出口温差，及时处理可能出现的偏流导致的换热量下降问题。对已偏流侧热物流第一道阀门进行卡阀操作可以调节热源分配，保证中间有潜热变化换热器的液相进料，防止该换热器操作温度过高造成汽化点前移，从而加剧设备运行风险；对未偏流侧冷物流第一道阀门进行卡阀门操作，可以提高偏流侧换热器线速，降低结焦概率。运行末期极端情况下可以考虑对偏流侧管程入口卡阀操作，用足未偏流侧进料负荷，减少装置负荷下降时间和高压差运行时间。

d. 紧急降量，尽量减少系统温度波动幅度。要观察原料换热器温度，预防偏流导致温度波动过大，引起进料换热器 E101 封头法兰、螺栓收缩不均匀而导致泄漏，从而发生火灾或导致停工。如果紧急降量过程中发现原料换热器发生偏流，或降量至 60% 负荷以下时，增开一台循环氢压缩机，通过双机运行来提高循环氢气量，减小偏流。此外，降量期间内操要加强监控、关注温度，外操要加强高温法兰检查，以防偏流发现不及时导致换热器泄漏，做好消防掩护准备工作。

e. 根据进料换热器 E101 压差变化及换热后

温度的降低，热端温差 ≥ 90℃时应及时对结焦换热器进行切出清洗。原则上清洗完一列接着清洗另一列，两列清洗时间间隔不宜过长。

②原料换热器切出停用操作法

装置运行期间原料中胶质及 Fe^{3+} 等金属离子含量的变化，容易导致原料换热器管程结垢，使热端温差升高，最终导致原料换热器换热效率下降。为了保证换热能力，装置需要根据生产实际情况在线停用单组换热器或切断进料，清洗处理结垢的换热器。下文以换热器 E101A/B/C 为例（三台串联），介绍原料换热器切出停用的操作方法。

停用步骤（以现场停用 E101A/B/C 为例）：

a. 逐渐降低处理量至 70%，降量期间逐步关小 E101A 管壳程进口第一道手阀（阀门开关大小根据 E101A 管壳程温度变化调整，尽量减少温度变化）。首先，关闭 E101/A 壳程出口阀门；其次，关闭 E101/A 管程出口阀门，待管程出口温度降至 260℃时，再关闭壳程进口阀门；再次，关闭管程进口阀门；最后，将 E101/A 管壳程进、出口剩余所有阀门关闭。

b.静置观察，待管程出口温度低于 100℃后，同时观察 C 组的现场温度。缓慢打开该组换热器管壳程连同地下污油罐的放空阀和火炬放空阀，将管壳程中的油气排放干净。

c.油气放净后，关闭泄压、排污油手阀。观察现场压力表，看压力表是否有上涨趋势，压力不上涨则在管壳程进出口加装盲板，压力上涨则逐个将阀门开关几次并带紧，再次泄压，进行排污观察。

d.待管壳程进出口盲板加装好后，对管壳程分别充压氮气，放尽存油，后引入蒸汽对管壳程进行蒸煮，合格后交与施工单位。

投用步骤：

a.E101A/B/C 管束清洗、回装完毕后，检查关闭 E101A/B/C 管壳程出入口各放空阀。

b. 水压试验结束后将管壳程内水放净，先用蒸汽对管壳程进行吹扫，再用氮气吹扫，吹扫干净、确认无明水后，加装好排放阀盲板，同时拆除管壳程进出口盲板。

c. 稍开管程进口阀，开始引入原料油气充满换热器管程（其间可稍开管程安全阀副线检查管程充油情况，充满后关闭安全阀副线，全开管程进口阀门），将壳程出口阀打开，待原料换热器 E101A 管壳程温度达到 100℃后全开壳程出口阀。稍开壳程进口阀门，保持热端物料逐步流通加热管程原料到 300℃以上。然后稍开管程出口阀门，观察管壳程出口温度情况，调整开大管程出口阀、壳程进出阀门，逐步恢复正常处理量（在开大 E101A 阀门过程中，观察再用组 E101D 温度波动情况，减少阀门开关引起的温度波动）。

③ 日常维护

加强原料管理：

a. 严格执行催化裂化汽油直接进装置，罐区汽油必须设置氮封且储存时间不大于 24 小时的规定，否则应先去催化分馏塔顶回炼后再直供进料。

b. 重汽油（如重芳烃等）去催化分馏塔中部回炼后再直供进料。

c. 含氧汽油（如 MTBE 等）不得进装置，必要时先进催化提升管回炼再直供进料。

d. 未洗胶质 >4mg/100ml 或者颜色过深有颗粒物的汽油组分，不得进装置，必要时先进催化提升管回炼后再直供进料。

e. 加强对原料胶质含量、Fe^{3+} 含量等基本性质的监测，降低换热器结垢现象。

f. 当上游装置由于消缺等原因导致出现管线停用超 7 天以上情况时，恢复进料前根据管线长度进行一定时间的原料返罐区处理，避免管道内汽油氧化或夹带杂质。

操作维护：

a. 日常关注 E101A/B/C、E101D/E/F 两组换热器的管壳程出口温度差，管程温差 ≥ 20℃，壳程温差 ≥ 50℃，避免换热器因偏流加快结垢，发现问题就及时处理。

b. 严格把控清焦质量，确保换热器管程全部疏通。

2. 反应器过滤器 ME101

（1）设备简介

反应器过滤器 ME101（见图 3，以下简称 ME101）为全自动吹扫过滤器，是 S Zorb 装置的核心设备之一，通过内装的高精度滤芯组将油气中的吸附剂粉尘与脱硫后的油气彻底分离。ME101 的设计温度为 470℃，设计压力为 4.26MPa，采用的过滤材料为金属粉末烧结滤芯，

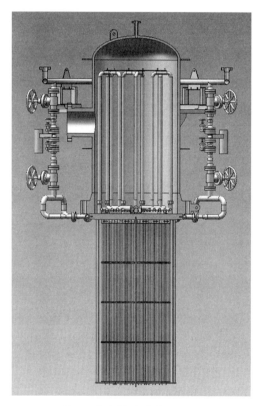

图 3　反应器过滤器 ME101

具有过滤精度高、耐磨损的特点。

　　ME101的壳体是指上封头部分，内部安装反吹组件及滤芯组件，外部安装管线及阀门；滤芯组件包括管板、滤芯、拉杆和定位花板。管板上的滤芯分区设计根据滤芯数量确定，一般均分为6（8或10）个区。内部反吹组件分组数量与滤芯分区保持一致，单组反吹组件由两根反吹预热管和一个气体分布器组成，反吹气体由外部进入过滤器，首先经过反吹预热管，然后进入气体分布器。外部反吹管线由反吹环管和分管线组成，分管线的数量与滤芯分组数量一致。

　　正常过滤操作时，过滤器全流量运行。过滤器将混合油气中的吸附剂颗粒拦截在滤芯表面。随着过滤的进行，过滤前后压差逐渐上升，当到达设定压差或设定时间时，过滤器会进行脉冲反吹。脉冲反吹时，打开快开气动阀门，释放的氢气流经过特殊结构的喷嘴被加速至超音速或临近超音速，迅速由内向外冲击滤芯，达到爆破反吹的效果，以恢复滤芯性能。一般滤芯分为 6 个分区，脉冲再生时，先打开某一分区的阀门，脉冲维持时间 1~1.5s，对应的成组滤芯进行再生，恢复使用性能，然后关闭该阀门。单组反吹完成后间隔一定的时间，打开下一个分区的阀门，对相应的滤芯进行反吹再生，如此循环，以保证整个系统的使用性能要求。所有分区的滤芯反吹再生完毕后，恢复正常过滤，等待下一次反吹循环。

图 4　ME101 过滤器新、旧滤芯外观对比

（2）反吹系统关键参数设置原则

①压差设定值，是决定启动快速反吹循环的压差值，压差值达到这个值时将启动一次快速反吹。

②反吹脉冲时间，建议设定为 1~1.5s。因为反吹的工作原理为脉冲式反吹，如果设定时间过短，反吹效果较差；如果设定时间过长，预热氢气排完后会把低温氢气带入 ME101，导致过滤器产生凝液，使结焦倾向增加，滤饼过厚，造成过滤器通量进一步减小，ME101 压差会继续增大。在一个运行周期内反吹时间不建议调整。

③ 反吹循环时间，是完成所有扇区顺序反吹所需的总时间。其设置原则为：各反吹阀反吹间隔时间应满足反吹压力达到要求值的下限。

④反吹周期。以过滤器恢复差压 2~3kPa 为依据，随装置运行时间的延长，逐步缩短反吹周期。同时避免过滤器差压短时出现趋势性上升。

根据操作经验，其趋势性上升必须在 72h 内通过调整反吹周期来恢复，抑制压差上涨，并分析其上升的原因，有针对性地解决并避免后续再次发生。

⑤反吹压力。正常反吹氢气压力要随反应操作压力的变化进行调整，装置运行前期反吹压力按反应操作压力的 2~2.2 倍设置，装置运行后期按反应操作压力的 2.2~2.4 倍设置。

⑥反吹氢气温度。反吹氢气温度的高低在一定程度上影响反吹效果，需同时兼顾反吹阀设备使用要求，通常控制反吹氢气温度在 240~260℃。

⑦反吹间隔时间。设置原则是保证 ME101 反吹压力能在设置时间内恢复到反应压力的 2~2.2 倍，原则上控制在 60s 以内。

（3）永久滤饼建立

过滤器投用初期，需建立好永久滤饼。在运行过程中，要严密监控过滤器压差的变化，通过对反吹氢气压力、反吹氢气温度及反吹系统参数的调整，延缓过滤器压差上升的速度，同时要保护好永久滤饼。

反应器操作必须以平稳为原则，特别是装置提降负荷过程中的平稳操作。装置提降负荷，必须以反应器线速基本不变为原则，做到提量先提压，分次缓慢进行，确保反应器线速平稳。当新氢管网压力波动时，及时调节系统压控阀，维持系统压力平稳。为提高反应器过滤器反吹系统的反吹效果，对反吹系统操作参数调整原则如下：随着反应器过滤器差压上升，反吹周期逐步缩短。提高反吹频率，抑制反应器过滤器差压上升速率。

①在保证横管收料前提下最低负荷开始建立滤饼，保持负荷的稳定。反应线速控制在 0.37m/s 以下。

②运行过程中确保 ME101 反吹压力为反应

压力的 2~2.2 倍（应根据反应压力的变化，随时调整反吹压力值）。

③反吹氢气温度控制在 240~260℃。

④开工阶段采用手动反吹，当差压上涨到 10kPa 前，启动第一次反吹，然后记录反吹后的恢复压差。此后在前一次恢复压差的基础上上涨 3~4kPa，作为下一次启动反吹的设置值，连续反吹后恢复压差不再变化，永久滤饼建立结束。

（4）日常操作指导原则

为实现过滤器长周期运行的要求，在日常操作调整中，建议按照以下指导原则进行：

①规范操作，严禁超温、超压等异常操作工况的发生，以免造成过滤器设备损坏。

②根据过滤器运行情况和反应器操作负荷，设置适宜的反应器线速（≯ 0.37m/s）、吸附剂藏量等操作参数。反应器内线速控制过大，会造成反应器膨胀段稀相浓度过大，也会导致差压上涨

过快；反应器内藏量控制在能满足 D105（反应器接收器）正常收料的最低藏量即可。

③系统吸附剂粒径过小、细粉含量高时会增加过滤器负荷，导致过滤器差压上涨，建议吸附剂平均粒径控制在 60~80μm。

④保持反应器负荷稳定，避免发生短时间负荷变化过大和长期超负荷运行。保持催化直供热进料，避免加工处理过量的非催化直供汽油，如罐区油等。

⑤保持反吹系统运行正常，设置适宜的反吹压力，及时发现并处理反吹阀故障，保持反吹阀性能良好。

3. 再生器

再生器下料不畅，甚至出现不下料的现象，在实际生产过程中时有发生。特别是由于各种原因造成再生器吸附剂循环中断后恢复以及装置开工初期时，易出现再生器下料不畅的现象（见图 5）。

图 5　滑阀上部结块

（1）造成此现象的原因

①再生器内吸附剂细粉含量低，流化性能差。多发生在再生吸附剂载硫、载碳含量高且再生器不平稳操作时。

②再生器底部吸附剂密度高，吸附剂流动性能变差。装置脱硫负荷低，再生器配风量少，即再生器操作线速低时，多发生在其底部吸附剂密度高且吸附剂循环速率低时。

③再生空气量过大，吸附剂下料量不足。装

置脱硫负荷高，再生器配风量大，即再生器操作线速高，下料推动力不足。

④再生器内吸附剂结块，堵塞过滤器、滑阀。

⑤再生器下料中断，下料管内吸附剂脱气量大，造成下料管吸附剂密度大，在恢复循环时下料困难。在开工初期，由于再生器温度低，气体黏度小，下料管内吸附剂脱气量大，也会造成再生器下料不畅。

（2）优化措施

由于再生滑阀通径尺寸小，且在滑阀前未设补气设施，易造成吸附剂下料不畅。可以新增一条再生滑阀跨线，同时增设补气设施（松动点），见图6。

当上述再生器吸附剂下料不畅情况出现时，以上措施可作为临时再生下料手段，为处理赢得时间，同时保障反应器的平稳操作。

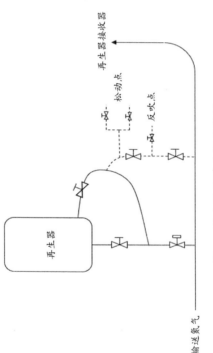

图 6 再生器下料改进示意图

三、实效

通过制定各关键设备运行操作法，同时强化原料管理等措施，装置运行周期大幅上升，可以超过上游装置的运行周期，但双方仍存在关联性，一般是同上游装置同步开停。

第二讲

降低装置能耗

一、问题描述

S Zorb 装置为标准化设计，其设计能耗在 9kg 标油 /t 左右，经过不断优化，装置能耗有所降低。但各装置间仍存在一定差异，以某 1.2Mt/a S Zorb 装置为例，优化后其能耗为 7.32kg 标油 /t，仍存在较大的优化空间（装置公用工程消耗量及能耗计算见表 1。装置年操作时数按 8400h 计算，装置进料量为 142.875t / h）。

二、措施

由表 1 中 S Zorb 装置能耗计算分析可知，该装置能耗所占比例最大的公用工程主要集中在燃料气、1.0MPa 蒸汽和电力三个方面，分别为 57.6％、26.5％ 和 20.5％。S Zorb 装置能耗的优化措施主要集中在以下四个方面。

1. 电力

S Zorb 装置电力设计能耗占比约为 20.5％，

表1　某 S Zorb 装置能耗计算

序号	项目	消耗量		能耗指标			设计能耗 (kg标油/t)	能耗占比（%）
		单位	数量	单位	数量	kg标油/t		
1	电力	kW·h	973	kg标油/kW	0.22	214.06	1.498	20.5
2	除氧水	t/h	1	kg标油/t	6.5	6.5	0.046	0.6
3	循环水	t/h	320	kg标油/t	0.06	19.2	0.134	1.8
4	凝结水	t/h	-3.45	kg标油/t	6.0	-20.7	-0.015	-0.2
5	燃料气	kg/h	535	kg标油/t	176.6	602.3	4.216	57.6
6	0.4MPa蒸汽	t/h	-1	kg标油/t	66	-66	-0.462	-6.3
7	1.0MPa蒸汽	t/h	3.65	kg标油/t	76	277.4	1.942	26.5
8	净化风	Nm³/h	600	kg标油/Nm³	0.038	22.8	0.160	2.2
9	氮气	Nm³/h	600	kg标油/Nm³	0.15	90	0.630	8.6
10	原料汽油70℃热进料	MJ/h	961				0.160	2.2
11	精制汽油低温热利用	MJ/h	-5896				-0.99	-13.5
	合计						7.32	

主要用于机泵、压缩机、空冷、电加热器等用电设备的消耗，可通过在允许的情况下停运部分机泵、根据温度变化启停空冷、调节电加热器负荷等达到降低装置电耗的目的。

（1）停运产品汽油外送泵 P-203

部分 S Zorb 装置设有产品汽油外送泵 P-203。由于稳定塔压力一般控制在 0.65~0.7MPa，罐区脱硫汽油储罐压力较低。若产品汽油可通过压差外送至罐区，则可以停运产品汽油外送泵 P-203。P-203 设计功率为 80.1kW，满负荷运行状态下，停运 P-203 可节省电耗：

$$80.1kW \cdot h \times 0.23 \div 142.875t/h \approx 0.13kg \text{ 标油 }/t$$

（2）降低还原氢电加热器 EH-101 负荷

还原氢电加热器 EH-101 主要是将经过加热炉对流室加热过的热氢气进一步加热至 400℃左右。该部分热氢气主要用于还原器 D-102 流化、D-105 流化以及闭锁料斗间断调压使用。

为了防止吸附剂在还原器 D-102 内发生大量还原反应生成水而造成吸附剂失活，在生产过程中，可以通过降低还原器温度来防止还原器内发生大量还原反应，还原器的温度控制在 220~260℃。正常情况下，氢气经加热炉加热后的温度（即 EH-101 入口温度）在 330℃左右，经电加热器 EH-101 加热后的氢气温度更高。为了降低还原器 D-102 的温度，需要开启冷氢阀门，这就造成了电能的浪费。因此对 EH-101 出入口流程进行了优化，热氢去 D-102 氢气流程全部走 EH-101 跨线，从而有效降低了 EH-101 的加热负荷，节约了电耗。

正常情况下，D-102 流化氢气流量为 1000Nm³/h，而 EH-101 加热氢气总量约为 1850Nm³/h（D-105 流化氢气流量为 700 Nm³/h，D-106 间断用氢，用量约为 150 Nm³/h）。通过对流程进行优化后，D-102 流化氢气不经 EH-101 加热，EH-101 的负荷下降 54%。

EH-101 的设计功率为 95kW，因此 D-102 流化氢气走 EH-101 跨线后可以节省装置电耗：

$$95\text{kW·h} \times 54\% \times 0.23 \div 142.875\text{t / h} \approx 0.08\text{kg 标油 /t}$$

再生空气电加热器 EH-102 主要用于加热再生空气，根据再生器热平衡可知，若热量不足而使再生器内温度较低时，可投用 EH-102 加热再生空气；若热量过多需要取热，可停止 EH-102，减少电耗。

（3）其他

在装置日常生产过程中，根据气温变化情况、冷却效果启停空冷，节约部分电耗。同时可使用空冷增上变频系统、K-（102+103）增上余隙调节系统等节能技术，在保证生产平稳的前提下，进一步降低电耗。同时从能耗角度出发，在水冷器循环水流速有余地的情况下，调整温度应优先调节冷却器循环水流量，再考虑启停空冷。

2. 1.0MPa 蒸汽

S Zorb 装置 1.0MPa 蒸汽设计能耗占比约为 26.5%，主要用于稳定塔底重沸器热源。在原料换热器 E-101 换热效果正常的情况下，稳定塔热进料温度约为 120℃。在设计条件下为保证产品蒸汽压合格，稳定塔底温度一般控制在 145℃左右。若原料汽油蒸汽压较低，无须稳定塔进行调整控制，可降低稳定塔底蒸汽用量，稳定塔底温度控制在 125~130℃，确保产品汽油能达到析出溶解氢的目的即可。稳定系统优化部分已经详细说明稳定塔底温度与精制汽油溶解氢气的关系。

稳定塔底蒸汽用量设计值为 3.11t/h，在保证蒸汽压合格的前提下，经过核算，部分装置可做到停用重沸器，经过调整后可节省装置能耗 1.94kg 标油 /t。

3. 燃料气

S Zorb 装置燃料气设计能耗占比约为 57.6%，主要用于进料加热炉加热原料，是影响装置能耗的最大因素。降低装置瓦斯用量可通过提高加热炉炉效、提高原料换热器 E-101 出口温度等方法来实现。

排除设计因素，炉效高低主要取决于加热炉氧含量、负压以及排烟温度。在一定范围内，氧含量越低，则炉效越高；排烟温度越低，则炉效越高。在实际生产过程中，需严格控制加热炉氧含量在 1%~2%，炉膛负压在 −40Pa~−70Pa。在保证加热炉烟气不会凝水造成露点腐蚀的情况下尽可能降低排烟温度，同时降低空气预热器空气跨线开度，提高空气预热器换热效率，能够有效提高加热炉炉效，减少燃料气用量。

提高 E-101 出口温度同样可以降低燃料气用量。一方面通过原料汽油热进料，提高原料汽油温度，可以降低加热炉负荷；另一方面要严格关注原料性质，监控原料过滤器 ME-104 压差的变化，防止重组分及胶质进入 E-101，造成 E-101 结垢影响换热效果。当加热炉入口温度低于 350℃时，要及时清理换热器，保证 E-101 换热效果。

4. 稳定汽油低温热利用

稳定塔底汽油温度为 130~140℃，一般采取加热低温介质的方式，作为其他装置或系统的热源。

若按照精制汽油收率为 99.20% 来计算，热联合汽油温差为 30℃（见表 2），则投用该热联合流程后可降低装置能耗：

178.5t/h × 99.20% ÷ 178.5t/h × 1.044 ≈ 1.04kg 标油 /t

而采用稳定汽油余热发电是节能的最有效方式。以某厂 1.2Mt/a S Zorb 装置为例，采用稳定

表 2　S Zorb 装置热联合系数

温差（℃）	0~9	10~19	20~29	30~39	40~49	50~59	60~69	70~79
热联合系数	0	0.348	0.696	1.044	1.392	1.74	2.11	2.43

塔底低温稳定汽油作为 ORC 发电机组的蒸发热源进行发电。发电机组运行可适应装置 60％～100％的负荷操作弹性要求。设计工况下，ORC 发电机组系统净发电量平均为 550kW，占全装置用电量的 50％以上，可使装置能耗降低 1 个单位以上。在此基础上，产品汽油空冷风机可全部停用，节约电能，故节能效果显著。

三、实效

通过以上建议优化措施，装置电耗较设计值降低 0.21kg 标油 /t；1.0MPa 蒸汽能耗较设计值降低 1.94kg 标油 /t。通过投用热联合流程，装置热输出能耗降低 1.04kg 标油 /t。综上，装置总体能耗较设计值可降低 3.19kg 标油 /t，优化后 S Zorb 装置能耗分布见表 3。

表 3　优化后 S Zorb 装置能耗计算

序号	项目	设计能耗 /（kg 标油/t）	能耗占比（%）	优化后能耗（kg 标油/t）	能耗占比（%）
1	电力	1.498	20.5	1.288	31.2
2	除氧水	0.046	0.6	0.046	1.1
3	循环水	0.134	1.8	0.134	3.2
4	凝结水	−0.015	−0.2	−0.015	−0.4
5	燃料气	4.216	57.6	4.216	102.1
6	0.4MPa 蒸汽	−0.462	−6.3	−0.462	−11.2
7	1.0MPa 蒸汽	1.942	26.5	0	0
8	净化风	0.16	2.2	0.16	3.9
9	氮气	0.63	8.6	0.63	15.3
10	原料汽油70℃热进料	0.16	2.2	0.16	3.9
11	精制汽油低温热利用	−0.99	−13.5	−2.03	−49.2
	合计	7.32		4.13	

第三讲

降低装置吸附剂消耗

一、问题描述

装置吸附剂消耗量大（平均每套装置消耗约50t/yr，每吨价格21万元），不仅增加操作费用，同时影响清洁汽油的生产，还给装置核心设备反应器过滤器长周期运行带来影响。通过分析，明确了主要原因：吸附剂有效组分氧化锌在水的作用下生成硅酸锌，失去脱硫活性。

二、原因及措施

（1）原料汽油带水会导致吸附剂失活，硅酸锌含量大幅上升。正常生产时，上游催化稳定汽油水含量小于200mg/kg，当发生原料水含量异常上升时，可以将D-101液位高控，提高沉降时间，同时D-101加强脱水。通过计算，在原料硫含量200mg/kg、进料量150t/h、反应压力2.5MPa、吸附剂循环量1t/h的前提下，原料水含量每增加100mg/kg，反应水分压增加约0.9kPa；在原

料水含量达到 1000mg/kg、其他条件不变的情况
下，反应器水汽分压为 13.77kPa。因此，原料水
含量对于吸附剂中硅酸锌的生成不是决定因素。
在日常生产中，原料如果不带明水，仅水含量波
动，对装置生产不会造成较大的影响。但需注意
在装置开工反应器装剂过程中，由于没有汽油进
料，同时反应器内吸附剂被大量还原，反应器内
水汽分压较高。假设反应压力 2.5MPa、反应装剂
速度 4t/h、循环氢量 15000Nm³/h，不考虑循环氢

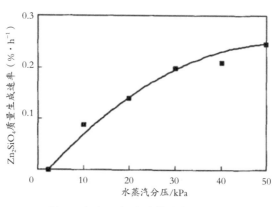

图 7　水分压与硅酸锌生成速率图

带入的水，仅吸附剂还原生成的水，反应器水汽分压将上升至184.4kPa，远大于反应器水汽分压的耐受极限（注：反应器最大耐受水汽分压约为52kPa）。因此，在开工装剂过程中，需控制反应器的温度在320~360℃。

（2）还原反应是吸热反应，由吸附剂和循环气体的温度为还原反应提供热量。由于还原反应会生成水，且还原器内氢气流速低，无法快速将还原生成的水带出，导致还原器（D-102）内水汽分压过高，特别是再生剂中有过氧硫酸锌时，还原时生成大量的水（1mol过氧硫酸锌还原生成8mol水），导致吸附剂失活速率增加。反应器内的操作温度虽可以满足吸附剂的还原反应要求，但由于大量油气存在相对氢分压较低，故还原反应速率低、水汽分压较低。结合装置吸附剂循环为间歇进行的特点及生产实际经验，还原器温度可控制在220~260℃，将还原反应控制在反应器中发生。还原反应发生在反应器时的水汽分压是还原器中的 1/20，如此可有效降低硅酸锌的生成速率，从而延缓吸附剂失活。

（3）反应器接收器（D-105）的作用是为待生吸附剂去闭锁料斗提供缓冲容器。反应器接收器吸附剂料位随闭锁料斗循环的填充步骤波动。在日常操作中，要求吸附剂从反应器淹流到被热氢气流化的反应器接收器中，反应器接收器满罐操作，增加吸附剂在反应器接收器内的停留时间（控制吸附剂在 D-105 内停留时间在 20min 以上），强化吸附剂表面的烃类气提效果，减少吸附剂携带的烃含量，控制再生过程中水的生成，有利于保持吸附剂活性。

（4）通过再生温度和压力控制再生燃烧温度。一般再生器温度的操作范围为 480~530℃。正常应通过再生器料位控制再生取热负荷来控制再生温度，增加或减少再生藏量来改变取热面积。硫的燃烧速率在450℃时达到最大值，碳的燃烧速率随温度的升高而增加，即再生器操作温度在480~530℃的范围内：低温烧硫速率较快，高温烧碳速率加快。再生温度的控制既要保证硫的燃烧速率，同时也要兼顾烧碳速率。通过温度控制，实现对吸附剂硫、碳含量的控制。

再生器在贫氧操作的状态下，其轴向温差的大小表征再生器内吸附剂的再生状况，温差越大表征再生器内的燃烧强度越大。在不同的再生负荷情况下，通过轴向温差的变化，及时调节再生风量和温度，避免出现再生吸附剂过烧或再生效果持续变差的情况。

（5）循环氢气量过大、D-121温度过高。循环氢气量过大对反应的危害主要表现在：一是加剧烯烃饱和反应，造成辛烷值损失增加；二是循环氢气带水偏多，则大量的循环氢气会携带较多的水进入反应器，易于促进硅酸锌的生成。

D-121 温度过高，脱水效果降低，循环氢气的水含量增加，D-121 的入口温度建议控制 40℃ 以下，建议循环氢气量控制为 12000Nm^3/h。

（6）吸附剂循环量过大。在保持较高脱硫负荷（脱硫负荷大于 50kg/h）的过程中，为保证产品质量合格，往往采取增加吸附剂循环量的办法。但过大的吸附剂循环量会导致再生系统中的氧化镍大量进入反应系统，单位时间内被氢气还原生成的工艺水增加，促进硅酸锌的生成。

（7）吸附剂短时添加量过大。短时间内向系统中添加过多的新鲜吸附剂，还原反应生成的水含量增多，促进硅酸锌的生成。

（8）防止待生吸附剂带烃。为排除反应器内的少量烃通过闭锁料斗进入再生器内，与再生器内的氧气反应生成水，需采取以下两方面措施：一是强化反应器接收器内吸附剂的气提效果，尽量减少吸附剂上残存的油气；二是闭锁料斗控制程序中 3.0 步吹烃时间控制在 300s 以上，同时吹扫氮气量控制在 110~150Nm³/h，增强吹烃效果。

（9）再生空气水含量监控。为防止再生空气水含量异常，加强再生空气干燥系统监控，要求控制再生空气露点温度 ≯ −68℃。

（10）加强再生系统取热盘管监控。班组在日常操作过程中，再生取热水流量调整要缓慢，防止出现水击的情况。同时巡回检查中要加强监控，若发现异常，要立即判断是否出现取热盘管内漏情况。若发现内漏，要立即将其切出，防止大量的取热水进入再生器。取热盘管的检查办法是：将取热盘管单根切出，将导淋打开撒压，如果压力无法撒净且二氧化硫报警仪检测报警，则可以判定此盘管内漏。同理，可检验其余取热盘管。

三、实效

计算出反应系统最高耐受水汽分压为 52kPa，再生系统最高耐受水汽分压为 1.3kPa，通过制定的十项操作法，吸附剂平均消耗量由每套 50t/yr 降低到 30t/yr 以下，更为重要的是装置运行平稳，产品质量控制更加有效。

第四讲

降低装置汽油辛烷值损失

一、问题描述

汽油辛烷值损失的大小，是装置高效经济运行的关键。按每吨汽油辛烷值低 1 个单位价值 50 元计算，系统全年加工汽油 5000 余万吨，其经济价值可观。目前，S Zorb 装置运行平均汽油辛烷值损失 1.2 个单位，需要进行攻关降低损失，提高装置运行经济效益。

二、措施

（1）待生吸附剂活性控制。控制待生吸附剂活性对反应操作至关重要。其活性越高，则脱硫率越高，辛烷值损失越大；其活性越低，则脱硫率越低，辛烷值损失越小。

待生吸附剂活性通常通过它的硫含量来表征。根据不同平衡剂的失活程度，待生吸附剂理论最大载硫值见表 4。

通过计算，理论上待生吸附剂的最大载硫值

为 16.39%（m/m）。吸附剂中硅酸锌质量分数每增加 1%，对应吸附剂载硫值减少 0.295%。一些不当操作也会导致有效活性组元的流失。例如，再生过程中出现过氧环境生成硫酸锌、过氧硫酸锌等，会造成吸附剂暂时性失活，不能达到理论最大活性。

表 4 不同平衡剂理论最大载硫值

	铝酸锌 wt%	硅酸锌 wt%	无效氧化锌 wt%	有效氧化锌 wt%	最大载硫 t wt%
新鲜剂	0	0	2	52	21
平衡剂 1	24	0	2	41.49	16.39
平衡剂 2	24	1	2	40.76	16.1
平衡剂 3	24	5	2	37.84	14.95
平衡剂 4	24	10	2	34.19	13.51
平衡剂 5	24	20	2	26.9	10.63

在实际生产中，建议待生吸附剂保留 4 小时脱硫容量，以脱硫负荷 50kg/h、反应器藏量 30t、

吸附剂硅酸锌含量 10% 为例，待生吸附剂日常控制最大载硫值为：（13.51%–50 × 4/30000）× 100% ≈ 12.84%。在保证精制汽油硫含量合格的前提下，待生吸附剂硫含量越高，能够脱除的硫越少，抗操作波动能力越低。但由于待生吸附剂活性低，烯烃加氢反应减弱，产品汽油辛烷值的损失减少。因此，根据装置脱硫负荷情况，控制适宜的待生吸附剂载硫余量，能够降低精制汽油辛烷值损失。

　　待生吸附剂的碳含量对烯烃加氢活性的影响也需要关注。当待生吸附剂的碳含量降低至 1% 以下后，烯烃加氢反应明显提升。建议正常运行时待生吸附剂的碳含量应控制在 2% 左右，待生吸附剂 / 再生吸附剂的碳差为 0.5%~1% 为宜。待生吸附剂碳含量的优化控制手段由控制再生温度来实现。

　　装置吸附剂再生采用的是不完全再生形式，

为保持系统硫平衡，需要控制反应系统吸附剂吸附的硫与再生系统脱除的硫相等。在硫平衡的前提下，待生吸附剂／再生吸附剂硫差与吸附剂循环速率关联式为：硫差＝硫脱除量（kg/h）÷吸附剂循环速率（kg/h）。

（2）氢油比（氢分压）增加使脱硫反应速率及烯烃饱和反应速率增加。在反应器总压力不变的情况下，通过增加组分中氢分压，可使反应速率增加，同时增加氢耗。氢分压的调整随脱硫负荷变化，原料硫含量越高，需要控制的氢分压越高。通常情况下，原料硫含量在 200~300mg/kg 时，反应氢分压控制在 0.45~0.5MPa，可以满足脱硫反应的需要。

氢分压的优化方向可以通过反应器中部温度与顶部温差趋势变化来判断。当该差值减小，同时反应脱硫率不足，则表明氢分压偏低，此时优化方向为适当提高氢分压；反之可适当降低氢分压。

（3）反应温升。由于反应器内脱硫与烯烃饱和反应均为放热反应，所以反应器内不同部位的温升变化情况可以反映出反应器内各反应的强度。从装置生产实践来判断，反应器底部温升（一段温升）的变化更多地表征吸附剂活性的变化，温升越高，表明吸附剂活性越高；反应器中部温升（二段温升）的变化是吸附剂活性、氢分压、床层流化状态等变化的综合变化；反应器顶部温升（三段温升）变化更多表征反应器氢分压变化，温升越高，氢分压越高。反应器三段温升的示意图见图8。

在实际操作过程中，操作核心是观察各个温升的变化趋势情况，通过综合判断，及时进行针对性的调整。

（4）再生风量的控制。再生风量与系统硫平衡密切相关。整个系统硫平衡的计算公式为：

原料量 × 原料硫含量 − 产品量 × 产品硫含

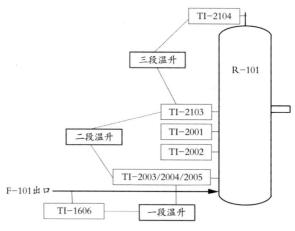

图 8　反应器三段温升示意图

量＝再生烟气的硫含量＋系统内吸附剂硫含量的变化量

　　由公式可以看出，在已知原料量、原料硫含量、产品量及产品硫含量的前提下，只要控制好再生器内吸附剂的再生量（即再生烟气的硫含量），即可保证系统吸附剂硫含量的稳定。再生器内吸附剂的再生量是通过调节再生风量来实现的，因此，控制好再生风量对系统硫平衡有至关重要的作用。

　　由于反应过程的复杂性，通过计算无法得到配风系数，作者通过大数据和经验总结再生风量的控制与吸附剂硫含量的变化关系，在脱硫负荷 30~75kg/h、转剂速率 1~1.5t/h 较为稳定的运行工况下，可以按以下控制再生风量的计算方法：

　　脱硫负荷（kg/h）× 配风系数 = 再生风量（Nm^3/h）

　　配风系数说明：基础烧硫配风系数为 5。转剂速率的提高将增加烧烃和吸附剂中镍氧化所耗风量，导致配风系数提高。吸附剂携带的烃类越多，烧烃用风增加，配风系数就越高。在上述平稳工况下，烧烃配风系数为 1.5~3，镍的氧化配风系数为 2.5~5，考虑到有生成硫酸锌、过氧硫酸锌和再生烟气中少量剩余氧的情况，配风系数一般可取 11，即以烧掉 1kg 硫需要消耗 $11Nm^3$ 空气为操作基点。正常运行配风系数在 9~13，配风系数超 13 时应及时检查待生剂带烃和再生过烧情况。

（5）稳定塔优化。在满足精制汽油蒸汽压合格的要求下，要提高汽油收率，减少辛烷值损失。同时，还要保证精制汽油不带水、氢，避免造成质量问题和安全问题。

稳定塔操作参数的调节主要依据塔底精制汽油蒸汽压分析结果确定。在正常情况下，塔压不宜大幅改变，稳定塔操作的稳定性由温度调整控制。为提高精制汽油收率、减少精制汽油辛烷值损失，根据氢气在汽油中的溶解度变化规律，可从以下方面优化调整稳定塔参数。

①控制较低的塔顶温度，一般控制在 40~50℃。

②稳定塔顶气的组分和稳定塔顶的温度、压力及回流罐的温度有关。为降低稳定塔顶气中的 C_5 和 H_2 含量（见图 9、图 10），回流罐温度视条件尽可能控制在较低温度，一般冬季为 10~20℃，夏季为 20~30℃。稳定塔回流罐液相正常自循环，根据液面变化少量返塔。

三、实效

通过以上操作法的推广与实施，装置汽油辛烷值损失降低到 0.7 个单位，减少损失 0.5 个单位，全国各装置 5000 万 t/yr 汽油的生产量，可减少损失 12.5 亿元 /yr。

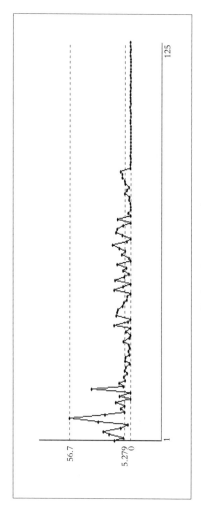

图 9 调整前后稳定塔顶气中 C_5 含量

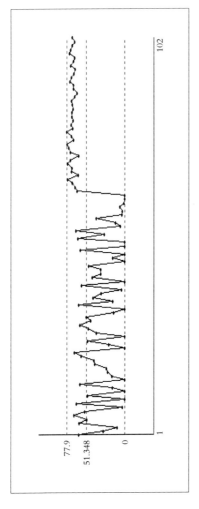

图 10　调整前后稳定塔顶气中 H_2 含量

后　记

作为石化一线工人，我时刻牢记习近平总书记视察胜利油田、九江石化的重要指示精神，践行劳模精神、劳动精神、工匠精神，在工作中不断进行应用型攻关，在中国由制造业大国向制造业强国发展历程中，贡献微薄力量。

依托劳模大师工作室，我和我的团队严格按照清洁油品质量升级的要求，制定更加完善的装置操作法，始终保持行业世界领先水平。

新时代有新要求，技术进步永无止境，我们乘着国家产业工人队伍建设改革的春风，工作中更加精益求精。

为做好技能传承，我在做好本职工作的同

时，加强与同行业从业人员的技能交流与培训，
通过全国性的培训班授课及总结操作法，培养和
带动更多的技术、技能人才投入技术、技能攻关
中，打造好人才梯队，不负新时代赋予我的使命
和担当。

2024 年 5 月

图书在版编目（CIP）数据

孙同根工作法：S Zorb装置优化 / 孙同根著.
北京：中国工人出版社，2024. 6. -- ISBN 978-7-5008-
8463-7

Ⅰ. TE624.1

中国国家版本馆CIP数据核字第2024QN5147号

孙同根工作法：S Zorb装置优化

出 版 人	董 宽	
责 任 编 辑	刘广涛	
责 任 校 对	张 彦	
责 任 印 制	栾征宇	
出 版 发 行	中国工人出版社	
地 址	北京市东城区鼓楼外大街45号	邮编：100120
网 址	http://www.wp-china.com	
电 话	（010）62005043（总编室）	
	（010）62005039（印制管理中心）	
	（010）62379038（职工教育编辑室）	
发 行 热 线	（010）82029051 62383056	
经 销	各地书店	
印 刷	北京市密东印刷有限公司	
开 本	787毫米×1092毫米 1/32	
印 张	2.875	
字 数	32千字	
版 次	2024年10月第1版 2024年10月第1次印刷	
定 价	28.00元	

优秀技术工人百工百法丛书

第一辑 机械冶金建材卷

优秀技术工人百工百法丛书

第二辑 海员建设卷

蔡连财工作法
半潜船浮装操作

常洪霞工作法
公交安全驾驶与服务

陈宇航工作法
大型管道装配

陈竹祥工作法
汽车漆膜修补

程克辉工作法
常用焊接操作技能

勾常春工作法
盾构注浆"制—运—注"一体化集成系统

李燕肇工作法
古建彩画颜料调制及彩画工艺流程

廖明工作法
地铁司机应急处置技能培训

魏钧工作法
焊接十步操作法

吴喜军工作法
桥梁伸缩缝微创技术

翟筛红工作法
古建筑冰纹窗制作

竺士杰工作法
远控集装箱岸桥操作法